中国少年儿童科学普及阅读文库

探索·科学百科™
中阶

野生猫科动物

[澳]罗伯特·库珀⊙著

宋薇(学乐·译言)⊙译

Discovery
EDUCATION™

全国优秀出版社
全国百佳图书出版单位
广东教育出版社 掌乐

广东省版权局著作权合同登记号

图字：19-2011-097号

本书原由 Weldon Owen Pty Ltd 以书名*DISCOVERY EDUCATION SERIES · Wild Cats*

（ISBN 978-1-74252-200-5）出版，经由北京学乐图书有限公司取得中文简体字版权，授权广东教育出版社仅在中国内地出版发行。

图书在版编目（ＣＩＰ）数据

Discovery Education探索·科学百科. 中阶. 4级. A1，野生猫科动物/[澳]罗伯特·库珀著；宋薇（学乐·译言）译. — 广州：广东教育出版社, 2014. 1

（中国少年儿童科学普及阅读文库）

ISBN 978-7-5406-9489-0

Ⅰ.①D… Ⅱ.①罗… ②宋… Ⅲ.①科学知识—科普读物 ②野生动物—猫科—少儿读物 Ⅳ.①Z228.1 ②Q959.838-49

中国版本图书馆 CIP 数据核字(2012)第167673号

Discovery Education探索·科学百科（中阶）
4级A1 野生猫科动物

著 [澳]罗伯特·库珀　　译 宋薇（学乐·译言）

责任编辑 张宏宇 李 玲 丘雪莹　　**助理编辑** 蔡利超 于银丽　　**装帧设计** 李开福 袁 尹

出版 广东教育出版社
　　　地址：广州市环市东路472号12-15楼　邮编：510075　网址：http://www.gjs.cn

经销 广东新华发行集团股份有限公司　　　　　　　**印刷** 北京顺诚彩色印刷有限公司

开本 170毫米×220毫米　16开　　　　　　　　　　**印张** 2　　　　　**字数** 25.5千字

版次 2016年5月第1版 第2次印刷　　　　　　　　**装别** 平装

ISBN 978-7-5406-9489-0　　定价 8.00元

内容及质量服务 广东教育出版社 北京综合出版中心
　　　　　　　电话 010-68910906 68910806　网址 http://www.scholarjoy.com

质量监督电话 010-68910906 020-87613102　**购书咨询电话** 020-87621848 010-68910906

Discovery Education 探索·科学百科（中阶）

4级A1 野生猫科动物

全国优秀出版社
全国百佳图书出版单位

广东教育出版社 学乐

目录 Contents

什么是猫科动物？

宠物猫通常是温顺友爱的动物，它们是猫科动物大家庭中的一员，而所有的猫科动物都是天生的猎手。

大多数猫科动物只吃肉类，很多都是在夜间捕食猎物。你会看到宠物猫安静地蹲着，然后突然纵身跳起，用它锋利的爪子捕捉一只苍蝇，或是其他的什么虫子，又或是一只老鼠——这就是猫科动物的捕猎方式。大型猫科动物，例如狮子、虎、猎豹和花豹，则会捕食更大型的猎物。

骨骼系统

大多数猫科动物的骨骼结构都非常相似，不同种类之间骨骼结构的差别，主要取决于体型大小和饮食习惯。猫科动物的后腿比前腿长，这使它们能跳得很远。

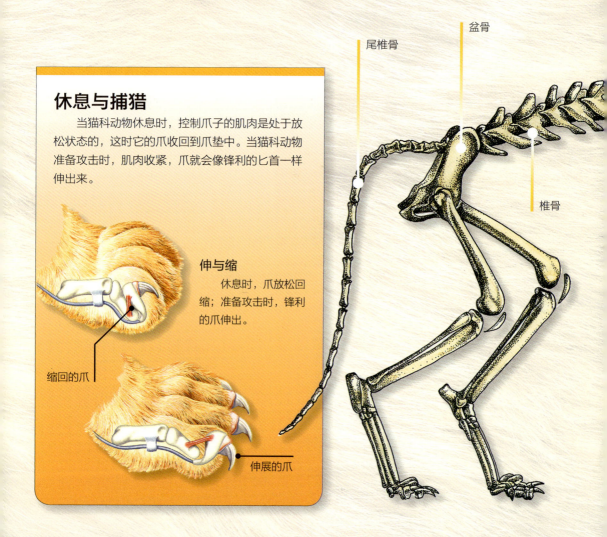

休息与捕猎

当猫科动物休息时，控制爪子的肌肉是处于放松状态的，这时它的爪收回到爪垫中。当猫科动物准备攻击时，肌肉收紧，爪就会像锋利的匕首一样伸出来。

伸与缩

休息时，爪放松回缩；准备攻击时，锋利的爪伸出。

缩回的爪

伸展的爪

尾椎骨

盆骨

椎骨

瞪视

做好攻击准备

进攻与防御

一只长尾虎猫瞪视敌人，想把敌人吓走。如果这样做没有效果，它就会张开嘴巴，准备攻击。

粗糙的舌头

如果你让一只猫科动物舔舔你的手，你会感觉到它的舌头表面相当粗糙。这是因为它的舌头上覆盖着类似钩尖的细小的突起。这些尖头称作乳头状突起。

乳头状突起

猫科动物用舌头上粗糙的乳头状突起来清洁皮毛；这些突起便于它们把肉从猎物的骨头上刮下来。

乳头状突起

头骨

肋骨

肩胛骨

你知道吗？

除了大洋洲和南极洲，其他各大洲都可以找到野生的猫科动物。全世界一共有36种野生猫科动物，其中的很多种生活范围都不会超出某一个大洲。

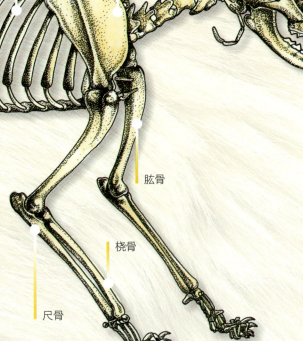

肱骨

桡骨

尺骨

剑齿虎

剑齿虎，这种古代的猫科动物长有两颗巨大的短剑一样的牙齿，一直生存到大约一万年前。它一定是非常可怕的猎手。

狮子

除了虎以外，狮子是最大的大型猫科动物。从很多方面而言，狮子都是典型的哺乳动物。它们的身体上覆盖着一层软毛；它们以群体方式游荡，寻找食物；它们照顾自己年幼的孩子，用乳汁喂养它们。

成年雄狮头上有着茂密的鬃毛，雌狮的身材比雄狮小，没有鬃毛。雌狮哺乳幼狮长达6个月。

生活环境

大多数狮子在非洲草原上生活，少数生活在印度西部。

鬃毛

雄狮的鬃毛在五岁左右完全长成。鬃毛的颜色一开始是金色的，但随着狮子年龄的增长，颜色会向棕黑色变化。

1.狩猎开始

一头母狮跳起来追逐一只逃跑的羚羊，它在不断加速。

胡须

和所有的猫科动物一样，狮子有着极灵敏的嗅觉。它们也会用胡须感觉和识别附近的物体和其他动物。当狮子感觉到前方有什么东西的时候，它的胡须会指向前方。

母狮在狩猎中

大部分的狩猎工作由成群的母狮承担，雄狮则负责警戒，对付入侵者。集体行动有助于它们捉住移动迅速的动物，例如它们最为青睐的猎物——羚羊和斑马。

群居动物

　　狮子是社会性动物。与其他猫科动物不同，它们是在群体中生活的。雌狮和幼狮一起在狮群中生活，成群的雄狮形成狮盟，警戒和保卫着一个或多个狮群。狮群有大有小，取决于它们可以得到多少食物供应；大部分狮群由10~20只狮子组成。

2.捕捉

　　母狮追上逃跑的猎物，用长而尖利的爪捉住它，并把它扑倒在地上。

3.杀死猎物

　　母狮会咬住猎物的喉咙，使它窒息而死；或是咬住猎物后颈，咬碎它的椎骨，杀死它。

生活环境

　　虎生活在亚洲的许多地方，包括印度、尼泊尔、缅甸、泰国、孟加拉、越南、中国以及横跨亚欧大陆的俄罗斯。生活在炎热地带的虎颜色更深一些。

虎

你肯定不会把其他猫科动物误认成虎，在包含36种成员的猫科动物大家庭里，虎是唯一带条纹的大型猫科动物。它们是大型猫科动物中最大的一种。

　　最大的虎是东北虎，又称为西伯利亚虎，它可以长到3.7米长，318千克重。虎生活在多种不同的环境中，从俄罗斯和中国北部冰雪覆盖的寒冷森林地带，到炎热的热带森林，甚至沼泽地带都有分布。它们需要生活在靠近水源的地方，而且游泳技术非常高超。

　　白虎有奶白的皮毛和深黑的条纹。你可以在一些动物园中看到白虎，但在野外很难发现它们。

攻击中

　　这些可怕的猎手有着旺盛的食欲，需要捕捉大型的猎物。它们跳得很远，但只有在短跑时才能跑得很快。它们捕猎的方式是迂回地潜行，偷偷靠近猎物，然后将它们捉住。它们的猎物有鹿、猪和水牛。它们也攻击和杀死人类。

独居生活

　　虎是独居动物，它们通常独自生活，在夜间捕猎。当一只虎猎获物后，可能会由两只或更多的虎来分享。成年雌虎会花很多时间照料幼虎。

牙齿与下颚

　　虎有着尖利的牙齿和宽阔有力的下颚，它通常会从前方或后方啮咬猎物的颈部，给猎物致命一击。口腔的前方是长而尖利的犬齿和短一些的门齿；后方的臼齿和前臼齿可以将肉从骨头上撕下来。

犬齿

臼齿

门齿

看不见的跟踪者

　　金黄的底色和条纹是极好的保护色，让虎能够隐入森林植被或长草中，无声地接近它的猎物。

美洲豹

生活环境

美洲豹仅生活在中美洲和南美洲的部分地区。

美洲豹的体型在大型猫科动物中位居第三，仅次于虎和狮子。大部分美洲豹的皮毛是金色的，上面有着清晰的黑色标记。它们是天生的森林居民，也有的生活在某些草原和半沙漠地带。

美洲豹是攀爬和游泳的专家，经常捕猎鱼类和其他生活在江河、溪流及湖水中的水生动物；它们也经常捕食来喝水的大型陆地生物。它们可以将猎物叼在嘴里，游很长的距离。

守候猎物

美洲豹爬上树，趴在那里等着猎物从下方经过。它们喜欢大型的猎物，很偶然才会为抓些小个儿的猎物跳下树去。美洲豹的花纹与森林的颜色很接近，很难被发现。

黑色美洲豹

有些森林豹是全黑的，它们是致命的猎手，隐藏在森林的阴影中，几乎不可能被发觉。

皮毛上的花纹

多数美洲豹的皮毛是金色中夹杂着大个的黑色斑点或是黑色圆圈围住的黑斑点。没有两只美洲豹身上的花纹是完全相同的。

可怕的掠食性动物

美洲豹捕食很多动物，但与花豹不同，它们极少袭击人类。它们杀死猎物的方式通常是用有力的犬齿咬碎猎物的头部。美洲豹是唯一使用这种方式杀死猎物的大型猫科动物。它们的牙齿甚至能咬穿河龟的硬壳。

食蚁兽是美洲豹的捕食对象。

一只蹲踞的美洲豹准备出击。

锐利的眼睛

美洲豹主要在夜间捕猎，它们在黑暗中的视力比人类强7倍。

美洲豹吃水蚺。

致命的牙齿

美洲豹用它长长的犬齿杀死猎物，其他较短的牙齿也很尖利，用于咬碎骨头，撕扯或咀嚼肉块。

密林深处

美洲豹比其他在中美洲和南美洲密林中漫游的猫科动物都要大。它们是独居的掠食性动物，用跟踪和伏击的方式捕猎。

美洲狮

美洲狮是皮毛上没有斑点条纹及其他任何标记的两种大型猫科动物中的一种，另一种是非洲狮。美洲狮皮毛的颜色取决于它们的栖息地，它们的栖息范围遍布美洲，从极寒区域到炎热的热带地区。美洲狮生活在热带森林、松木森林、沼泽和草原地带，从海平面高度到海拔 4 573 米的高山，都有它们的身影。美洲狮的食谱很广，鹿、马、野兔和豪猪等动物都是它们的捕食对象。

生活环境

美洲狮生活在南美洲和中美洲，以及美国西部和加拿大的部分地区。

濒危物种

佛罗里达山狮是美洲狮的一个特殊品种，现仅生活在美国佛罗里达的沼泽地中。它们曾经有过更广泛的分布，但捕杀与栖息地的丧失，已使它们的数量减少到不足 100 只了。

五线石龙子

浣熊

有力的脚爪

美洲狮用它们大而有力的前爪捕捉猎物。这只美洲狮正准备扑向一只浣熊，浣熊正忙着抓一只蜥蜴，根本没注意到美洲狮正在靠近自己。

颜色变化

　　成年美洲狮有着均匀的毛色，但幼狮身上却长有斑点，这些斑点随着它们的成长逐渐消失。生活在炎热地区的美洲狮一般多拥有赤黄的毛色，而在寒冷的北方地区，它们的毛色通常是浅灰色的。

运动健将

　　美洲狮，又叫山狮，身体很长，后腿非常强壮。它们跳得很远，能跃上4.6米高的树枝或是岩架。长长的尾巴使它们在追逐猎物时更容易保持平衡。

　　美洲狮经常隐藏在灌木丛中，偷偷地接近猎物。

猎豹

生活环境

猎豹生活在非洲开阔的、野草覆盖的地区，很少一部分生活在伊朗。

这 些长有斑点、移动迅速的大型猫科动物生活在非洲稀树草原上，与体型比它们大的狮子和花豹争夺猎物。它们在白天捕猎个头儿比它们小的动物，如瞪羚（它们最喜爱的食物）、黑斑羚以及年幼的牛羚和野兔。猎豹视力超群，它们时常登上土丘或其他地势较高的位置，以便搜寻猎物。它们头小，尾长，身体瘦长。

陆上速度纪录保持者

猎豹跑得比其他任何陆上动物都要快。它们的速度可以达到110千米/小时，但只能以该速度跑很短的距离。

雄性猎豹

一窝长大的雄性猎豹有时会呆在一个群里，其他窝里的雄性也可以加入，这可以使守卫领地的工作变得更容易。

加速

猎豹只需要2.5秒的时间就可以加速到72千米/小时，然后再逐步加速到最快速度。

用后足发力

以前足落地

"王猎豹"

所谓的"王猎豹"其实与其他猎豹是同种的，但它们的皮毛更长，颜色更深，且背上的斑点聚合成长条纹状。

斑点多多

猎豹身上的斑点是真正的实心斑点。花豹和美洲豹身上的斑点实际上是小色环。

雌猎豹

雌猎豹通常每窝生3~5只幼兽，但有时可多达8只。雌猎豹要捕捉猎物喂养它的孩子，还要保护它们不被狮子和其他掠食性动物袭击。

年幼的猎豹

很多年幼的猎豹没有活到成年。它们有些被其他掠食性动物杀死，有些则因为它们的母亲无法捕获到足够的猎物而饿死了。

猎豹不吼叫，而是发出一种高音调的嚎叫声。

后足再向前推动

前足突然伸出

短尾猫、猞猁和狞猫

生活环境

短尾猫生活在北美洲，从加拿大南部到墨西哥。猞猁和狞猫生活在北美洲、欧洲、亚洲和非洲部分地区。

猞猁和短尾猫是亲缘关系很近的中小型猫科动物。它们的栖息地分布在冰雪覆盖的寒冷山区和森林地带，它们的耳朵尖端上都长有成簇的长毛，有宽大的爪和短短的尾巴。猞猁的听觉很灵敏，嗅觉也很好。

狞猫

狞猫与猞猁有很近的亲缘关系，生活在整个非洲和部分亚洲地区的干燥林地和山区。它们捕食像老鼠和鸟这样的小动物，但也能捉住体型较小的鹿。

短尾猫

这种北美动物大约是成年家猫的两倍大，穴兔和野兔是它们最喜爱的食物。

捕捉晚餐

短尾猫主要吃穴兔和野兔，但也捕食麝鼠、鸟、蛇和体型小的鹿。这些图片展示一只短尾猫如何接近一只麝鼠，用前爪抓住它然后把它杀死。这样它的美餐就准备好了。

1.跟踪

短尾猫看到了这只麝鼠，也许是闻到了它的气味，或是听到了它的动静。它开始接近这只麝鼠。

北美猞猁

　　它们看起来很像短尾猫，呈灰色或浅棕色，有淡淡的斑点，尾巴尖是黑色的。它们生活在美国北部、加拿大和美国阿拉斯加地区。

欧亚猞猁

　　欧亚猞猁的大小约是短尾猫的两倍，长着清晰的暗色斑点，主要生活在欧洲的森林地带和亚洲的部分地区。它们以穴兔和野兔为食。

西班牙猞猁

　　西班牙猞猁生活在西班牙和葡萄牙，与欧亚猞猁很相像，但体型较小，斑点颜色更深。穴兔是它们喜爱的食物。

2. 捕捉

　　短尾猫用前爪捉住麝鼠，向上抛，然后再抓住它。

3. 杀死猎物

　　短尾猫用前爪握住麝鼠，咬向它颈部的前方，将它杀死。

分布范围

虎猫和长尾虎猫生活在南美洲的北部和中美洲，薮猫生活在中部和南部非洲。

虎猫、薮（sǒu）猫和长尾虎猫

长尾虎猫生活在雨林中，是所有猫科动物中最强的爬树能手，它的主食是树上的鸟。虎猫同样生活在雨林中，除此之外，它还分布于一些干燥森林和乡间的树丛中。

这两种动物广泛分布于南美洲和中美洲。薮猫则生活在中部和南部非洲的大草原里，以啮齿类、鸟类和其他小动物为食。

生育

雌虎猫每窝只生一到两只小虎猫。它在隐蔽性很好的巢穴中生产，以防被掠食性动物发现。刚出生的小虎猫有着和成年虎猫几乎完全一样的花纹。

斑斓的毛色

虎猫大小中等，有一对小圆耳，背部和身侧有长而开放的中间颜色略浅的斑点。

虎猫捕捉到一只鸟

多样化的饮食

虎猫的饮食相当多样，夜晚时，它在有很多隐蔽物的地面捕猎，主要捕捉啮齿动物和小型哺乳动物。虎猫还是很好的攀爬者和游泳者，它也捕捉鱼、鸟、蜥蜴和蛇。

快速成长

出生后不到七个月，薮猫就长得和它妈妈一样大了。上面这两三个薮猫是在一团褥草上出生的。

站起来很高

薮猫是个子很高的猫科动物，有大大的耳朵，听觉十分灵敏。它们捕食小型猎物，可以高高跳起捕捉鸟类。

毛皮大衣

一直以来，虎猫和长尾虎猫因为它们的毛皮而被大量捕杀，它们的皮被做成毛皮大衣，导致它们的数量迅速减少。现在，捕猎这些猫科动物已属非法行为。

看起来很像虎猫的长尾虎猫

长尾虎猫看起来跟虎猫相当像，但个头要小得多。它有尖利的爪，能抓住树枝，甚至能倒吊在树枝上。

用长尾虎猫的毛皮做的贝雷帽

其他野生猫科动物

栖息地的丧失及人类活动，如捕猎和居住区扩张，导致一些动物的生存数量减少。但时至今日，仍然有很多种猫科动物在世界很多地区的野外生存了下来。

美洲山猫

这种样子很奇怪的猫科动物仅和一只大个儿的家猫体型相当，它们生活在中美洲和南美洲。

非洲金猫

非洲金猫生活在西部和中部非洲，毛皮颜色均匀或有斑点。它是一般家猫体型的两倍大小。

非洲野猫

非洲野猫遍布非洲大部分地区，主要以啮齿动物为食。它们时常来到靠近城市的地方，并可被驯养。

渔猫

有蹼的爪

渔猫遍及部分南部亚洲和西南亚的湿地地带。它的前脚趾之间长有半蹼，因此它可以用前爪从溪流里捞鱼。有时它也在浅水中涉水。除了鱼以外，它还吃鸟和其他小型哺乳动物。

南美林猫

这种猫科动物现在已经很罕见了，只生活在智利和阿根廷的部分地区。它和小家猫的体型差不多。

亚洲金猫

　　这种动物生活在亚洲北部和东南部的一些森林里。它们的毛皮通常是金色的，不过也有的长着一身棕色甚至灰色毛皮。

欧洲野猫

　　也叫森林野猫，广泛散布于欧洲。图中的这只看上去很像一只家养的虎斑猫。

丛林猫

　　它们从东南亚到中亚和埃及都有分布。由于分布广泛，它们的大小和毛色很不相同，捕食对象也多种多样。

虎

这种绝妙的动物被长期猎捕，目的或是为得到它们的皮毛，或是仅仅作为一种运动。一个世纪以前，大约有十万只虎在野外生存，现在已经只剩下大约2 500只了。

西班牙猞猁

这是猫科动物中濒临灭绝边缘的一种。它现在只在西班牙和葡萄牙的一小部分地区存在。由于它最喜爱的食物——穴兔已经大量减少，它不得不越来越多地与狐狸竞争其他猎物。对猞猁来说，这是一场注定会失败的战斗。

濒危猫科动物

当某种动物彻底消失时，我们称之为灭绝。当一个种群的数量急速减少到非常低的程度时，我们称之为濒危。在整个世界历史进程中，很多动物最终灭绝了。有时候这是自然因素造成的，但近期以来，人类活动是动物灭绝的最主要的原因。

今天，很多野生猫科动物已经处于濒危状态。有些被大量捕猎至几乎灭绝，它们的栖息地大量丧失，人口的扩张和城市、农场及其他人类居住地侵占了本属于它们的疆域。

亚洲狮

亚洲狮比它非洲的堂兄弟个子小。现在只有不到400只亚洲狮存活，它们都生活在印度西部古吉拉特邦的吉尔国家公园中。从前它们一度遍布北部印度和中亚部分地区。

细腰猫

它们的活动范围曾遍布中美洲和南美洲，但在其中一些地区，人类的扩张活动已经破坏了这种猫科动物的大部分栖息地。现在在大部分地区，特别是在墨西哥，这种动物已经很罕见了。在一些国家，它们仍然被大范围捕杀。

安第斯山猫

顾名思义，这种猫科动物生活在南美安第斯山脉高处非常有限的区域。因为它是如此罕见，又与世隔绝，所以人们对它如何生活所知甚少。由于它们那崎岖的栖息地中的猎物已经更加稀少，它们的数量已变得更少了。

大约一万年前，在冰川纪晚期，猎豹几乎灭绝了。现在的猎豹都是那时的少数几只幸存者的后代。

猎豹

这种动物一度分布相当广泛，遍及非洲并延展到亚洲部分地区，远及印度。但它们现在几乎已经从亚洲消失，主要分布在南部非洲。即使在那里，它们也处于农民的威胁之下，当农场扩张到它们的领地时，猎豹便开始捕食农场动物。

知识拓展

适应(adapted)

指一种动物能在它所处的环境中成功地生活，能找到使它生存的资源。

伏击(ambushing)

伏在一个隐蔽的位置等待，然后突然跳出来袭击。

水生(aquatic)

用来描述完全或部分生活在水中的动物。鱼类就是典型的水生动物。

保护色(camouflage)

动物身体上的颜色和花纹，使它能隐入周围的环境，难以被发现。

犬齿(canine teeth)

哺乳动物口腔近前方长而尖的牙齿。很多掠食性动物利用犬齿来捕捉和杀死猎物。

狮盟(coalition)

指一些成群生活的雄狮。狮盟保卫着由母狮和狮子幼兽组成的狮群。

巢穴(den)

一个遮盖的、隐蔽的处所，动物可以把它当做庇护所，藏在那里躲避危险。

濒危(endangered)

用来描述一个物种有死亡殆尽的危险。

栖息地(habitat)

动物在野外生活的环境，比如一座森林、一片沙漠、一条河流或是一片海域。栖息地给动物提供食物、庇护所和其他生存必需的资源。

肱骨(humerus)

动物前肢上部的骨骼。肱骨是前肢下部和肩之间的连接。

门齿(incisor teeth)

人和其他哺乳动物上下颚前方的牙齿，在更长和更尖的犬齿之间。

哺乳动物(mammal)

有脊柱的温血动物，身被毛发，用它们自己身体中产生的乳汁喂养年幼的孩子。人类是哺乳动物，犬科动物、猫科动物、海豹和鲸也是哺乳动物。

臼齿(molars)

哺乳动物口腔中上方和下方，在犬齿后面的低而平的牙齿。臼齿用于咀嚼和研磨食物。

乳头状突起(papillae)

人和其他动物舌头上面的微小突起。

掠食性动物(predator)

捕杀其他动物为食物的动物。

猎物(prey)

被其他动物捕杀来做为食物的动物。

狮群(pride)

一些雌狮和幼兽在一个群体中共同生活。

瞳孔(pupil)

人或动物眼睛中的开口，光线由此进入眼中。瞳孔会随着周围光线的强弱放大或缩小。

桡骨(radius)

动物前肢下部靠内侧的骨骼。

啮齿动物(rodent)

哺乳动物中的一种类型，有两只很大的门齿，用来啃咬食物。小鼠、大鼠、松鼠和海狸都是啮齿动物。啮齿动物占哺乳动物种类的三分之一。

色环(rosette)
　　一些动物身上圆形或环形的暗色标记，色环的中央颜色较浅。

稀树草原(savanna)
　　分布于非洲中部等世界上最炎热地区的一种草原，那里生长茂密的高草和稀疏的树丛。

肩胛骨(scapula)
　　人或动物两边肩上的三角形骨骼。

半沙漠地带(semidesert)
　　半沙漠地带像沙漠一样干燥，但还是有一些草和其他植物生存。

骨骼系统(skeleton)
　　一个人或动物身体中的所有骨骼。

种(species)
　　一组有着相似的外部形态和其他很多共同特征的动物。同一种的成员间交配可以产生后代。

热带(tropical)
　　地球赤道两侧的炎热区域，生活在这里的动物被称作热带动物。

尺骨(ulna)
　　动物前肢下部靠外侧的骨骼。

植被(vegetation)
　　一个区域中所有的植物——草、树和灌木。

椎骨(vertebrae)
　　构成人或动物脊柱的小块骨骼。椎骨向脊柱两边有侧向突起。

探索·科学百科™

Discovery EDUCATION™

• 世界科普百科类图文书领域最高专业技术质量的代表作 •

小学《科学》课拓展阅读辅助教材

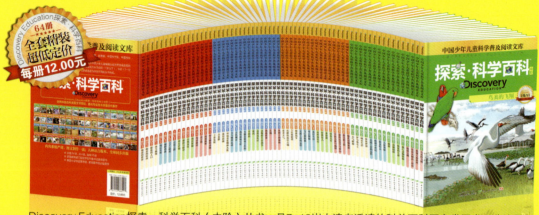

Discovery Education探索·科学百科（中阶）丛书，是7~12岁小读者适读的科普百科图文类图书，分为4级，每级16册，共64册。内容涵盖自然科学、社会科学、科学技术、人文历史等主题门类，每册为一个独立的内容主题。

Discovery Education
探索·科学百科（中阶）
1级套装（16册）
定价：192.00元

Discovery Education
探索·科学百科（中阶）
2级套装（16册）
定价：192.00元

Discovery Education
探索·科学百科（中阶）
3级套装（16册）
定价：192.00元

Discovery Education
探索·科学百科（中阶）
4级套装（16册）
定价：192.00元

Discovery Education
探索·科学百科（中阶）
1级分级分卷套装（4册）（共4卷）
每卷套装定价：48.00元

Discovery Education
探索·科学百科（中阶）
2级分级分卷套装（4册）（共4卷）
每卷套装定价：48.00元

Discovery Education
探索·科学百科（中阶）
3级分级分卷套装（4册）（共4卷）
每卷套装定价：48.00元

Discovery Education
探索·科学百科（中阶）
4级分级分卷套装（4册）（共4卷）
每卷套装定价：48.00元